Kaushal Kumar
Paramvir Yadav

Gases com efeito de estufa e o seu impacto

Kaushal Kumar
Paramvir Yadav

Gases com efeito de estufa e o seu impacto

ScienciaScripts

Imprint

Any brand names and product names mentioned in this book are subject to trademark, brand or patent protection and are trademarks or registered trademarks of their respective holders. The use of brand names, product names, common names, trade names, product descriptions etc. even without a particular marking in this work is in no way to be construed to mean that such names may be regarded as unrestricted in respect of trademark and brand protection legislation and could thus be used by anyone.

Cover image: www.ingimage.com

This book is a translation from the original published under ISBN 978-620-7-80758-1.

Publisher:
Sciencia Scripts
is a trademark of
Dodo Books Indian Ocean Ltd. and OmniScriptum S.R.L publishing group

120 High Road, East Finchley, London, N2 9ED, United Kingdom
Str. Armeneasca 28/1, office 1, Chisinau MD-2012, Republic of Moldova, Europe
Printed at: see last page
ISBN: 978-620-7-79701-1

Índice

Prefácio

"Gases com Efeito de Estufa e o seu Impacto" explora um dos desafios ambientais mais prementes do nosso tempo: o efeito dos gases com efeito de estufa no nosso planeta. Este livro fornece uma visão abrangente da ciência por detrás dos gases com efeito de estufa, das suas fontes e dos seus profundos impactos nas alterações climáticas e nos ecossistemas globais. Ao aprofundar os mecanismos de retenção de calor na atmosfera pelos gases com efeito de estufa, pretendemos esclarecer o seu papel fundamental no aquecimento do nosso planeta.

Este livro destina-se a estudantes, investigadores, decisores políticos e a todos os interessados em compreender as complexidades da ciência do clima. Abordamos uma série de tópicos, desde o contexto histórico das emissões de gases com efeito de estufa até às tendências actuais e projecções futuras. Além disso, examinamos as consequências socioeconómicas das alterações climáticas e os esforços globais para mitigar esses impactos através de políticas e inovação tecnológica.

Capítulo 1: Introdução aos gases com efeito de estufa

1.1 Definição de Gases com Efeito de Estufa (GEE)

Os gases com efeito de estufa (GEE) são gases que retêm o calor na atmosfera da Terra, contribuindo para o efeito de estufa. Desempenham um papel crucial na regulação da temperatura da Terra, absorvendo e emitindo radiação na gama dos infravermelhos térmicos. Os principais gases com efeito de estufa incluem o dióxido de carbono (CO_2), o metano (CH_4), o óxido nitroso (N_2O), o ozono (O_3) e os gases fluorados (como os hidrofluorocarbonetos, os perfluorocarbonetos e o hexafluoreto de enxofre).

Cada um destes gases tem diferentes capacidades de captura de calor e tempos de vida atmosférica, contribuindo de forma variável para o efeito de estufa global e o aquecimento global. Embora os gases com efeito de estufa sejam essenciais para manter a temperatura da Terra propícia à vida, as actividades humanas, em especial a queima de combustíveis fósseis, a desflorestação e os processos industriais, aumentaram significativamente as suas concentrações na atmosfera, conduzindo a um maior aquecimento e às alterações climáticas.

1.2 Contexto histórico e descoberta

O conceito de gases com efeito de estufa e do efeito de estufa evoluiu ao longo dos séculos, moldado pela investigação científica e por observações empíricas.

1.2.1 Conceitos e descobertas iniciais

A compreensão fundamental do efeito de estufa remonta ao início do século XIX:

- **Joseph Fourier (1824)**: Foi o primeiro a propor a ideia de que a atmosfera da Terra poderia atuar como um isolante, retendo o calor e mantendo o planeta mais quente do que seria de outra forma.

- **John Tyndall (1859)**: Demonstrou experimentalmente que certos gases, como o CO_2 e o vapor de água, podiam absorver e emitir radiação infravermelha, identificando-os assim como potenciais gases com efeito de estufa.

- **Svante Arrhenius (1896)**: Quantificou a relação entre os níveis de CO_2

atmosférico e a temperatura global, sugerindo que a duplicação das concentrações de CO2 poderia levar a um aquecimento significativo, uma forma inicial de estimativa da sensibilidade climática.

1.2.2 Revolução Industrial e aceleração das emissões de gases com efeito de estufa

A Revolução Industrial marcou um ponto de viragem na história da humanidade com profundas implicações para as emissões de gases com efeito de estufa:

- **Industrialização rápida**: O aumento da queima de combustíveis fósseis (carvão, petróleo e gás natural) para fins energéticos e de transporte levou a um aumento substancial das emissões de CO2.

- **Alterações na utilização dos solos**: A desflorestação e as práticas agrícolas alteraram as superfícies dos solos, com impacto no ciclo do carbono e contribuindo para o aumento dos níveis de CO2 atmosférico.

- **Avanços tecnológicos**: O século XX assistiu a avanços nos processos industriais, nos transportes e na agricultura, intensificando ainda mais as emissões de GEE provenientes das actividades humanas.

1.2.3 Avanços científicos e consciencialização global

Ao longo do século XX e no século XXI, os avanços na ciência atmosférica, nas tecnologias de deteção remota e na modelação climática melhoraram a nossa compreensão dos gases com efeito de estufa:

- **Curva de Keeling**: Em 1958, Charles David Keeling iniciou a monitorização contínua das concentrações de CO2 atmosférico no Observatório de Mauna Loa, revelando um aumento constante de ano para ano, atualmente conhecido como a Curva de Keeling.

- **Painel Intergovernamental sobre as Alterações Climáticas (IPCC)**: Criado em 1988 pelas Nações Unidas, o IPCC sintetiza os conhecimentos científicos sobre as alterações climáticas, incluindo o papel dos gases com efeito de estufa, e fornece avaliações aos decisores políticos a nível mundial.

- **Conferências globais sobre o clima**: Os esforços internacionais, como o Protocolo de Quioto (1997) e o Acordo de Paris (2015), têm como objetivo mitigar as emissões de gases com efeito de estufa e abordar os impactos das alterações climáticas através da cooperação e de compromissos globais.

1.3 Visão geral do efeito de estufa

O efeito de estufa é um fenómeno natural que regula a temperatura da Terra ao reter uma parte da energia do Sol na atmosfera:

- **Radiação solar**: O Sol emite energia sob a forma de luz solar, que atravessa a atmosfera da Terra e atinge a superfície.
- **Absorção e Reflexão**: Parte desta radiação solar recebida é absorvida pela superfície da Terra, aquecendo-a, enquanto uma parte é reflectida para o espaço.
- **Radiação infravermelha**: A superfície da Terra reemite esta energia solar absorvida sob a forma de radiação infravermelha (calor), que é depois absorvida e reemitida em todas as direcções pelos gases com efeito de estufa existentes na atmosfera.
- **Retenção de calor**: Os gases com efeito de estufa absorvem e reemitem radiação infravermelha, retendo o calor na atmosfera e impedindo-o de escapar para o espaço. Este processo mantém a superfície da Terra mais quente do que seria na ausência destes gases, mantendo um clima estável e propício à vida.

1.4 Papel dos diferentes gases com efeito de estufa

Cada gás com efeito de estufa tem propriedades únicas que influenciam a sua contribuição para o efeito de estufa:

- **Dióxido de carbono (CO2)**: O gás com efeito de estufa mais abundante e persistente, emitido principalmente através da combustão de combustíveis fósseis, da desflorestação e de alterações na utilização dos solos. O CO2 permanece na atmosfera durante séculos ou milénios, contribuindo significativamente para as alterações climáticas a longo prazo.
- **Metano (CH4)**: Um potente gás com efeito de estufa com um tempo de vida atmosférico mais curto do que o CO2, mas com um potencial de captura de calor por molécula muito superior. As emissões de metano resultam da agricultura (digestão de gado, arrozais), produção de combustíveis fósseis e aterros sanitários.

- **Óxido nitroso (N2O)**: Um gás com efeito de estufa de longa duração emitido por práticas agrícolas (fertilizantes), processos industriais e combustão de biomassa e combustíveis fósseis. O N2O tem uma forte capacidade de retenção de calor e contribui para a destruição do ozono estratosférico.

- **Ozono (O3)**: Enquanto o ozono na estratosfera protege a vida na Terra ao absorver a radiação ultravioleta nociva, o ozono ao nível do solo é um potente gás com efeito de estufa e poluente atmosférico formado através de reacções químicas que envolvem gases precursores (por exemplo, compostos orgânicos voláteis e óxidos de azoto).

- **Gases fluorados**: Gases sintéticos com efeito de estufa, incluindo hidrofluorocarbonetos (HFCs), perfluorocarbonetos (PFCs) e hexafluoreto de enxofre (SF6), utilizados na refrigeração, ar condicionado e eletrónica. Estes gases têm um elevado potencial de aquecimento global e um longo tempo de vida na atmosfera.

1.5 Impactos do aumento do efeito de estufa

As actividades humanas alteraram significativamente a composição dos gases com efeito de estufa na atmosfera, o que teve várias consequências:

- **Aquecimento global**: O aumento das concentrações de gases com efeito de estufa, em particular de CO2, intensificou o efeito de estufa, resultando no aumento da temperatura média global (aquecimento global) ao longo do último século.

- **Alterações climáticas**: A alteração dos padrões meteorológicos, as ondas de calor mais frequentes e intensas, as mudanças nos padrões de precipitação, a subida do nível do mar e o degelo das calotes polares são alguns dos impactos observados das alterações climáticas provocadas pelo aumento das emissões de gases com efeito de estufa.

- **Acidificação dos oceanos**: O CO2 absorvido pelos oceanos altera a química da água do mar, conduzindo à acidificação dos oceanos, que ameaça os ecossistemas marinhos e as espécies dependentes das estruturas de carbonato de cálcio (recifes de coral, marisco).

- **Perda de biodiversidade**: Os impactos das alterações climáticas, como a perda de habitats, a alteração dos ecossistemas e a alteração da distribuição das espécies, contribuem para a perda de biodiversidade e para os riscos de extinção de espécies vegetais e animais vulneráveis.

- **Impactos sociais e económicos**: As alterações climáticas agravam os riscos para a saúde humana, a segurança alimentar, a disponibilidade de água e a estabilidade económica, afectando de forma desproporcionada as comunidades e regiões vulneráveis.

1.6 Estratégias de atenuação e adaptação

Para enfrentar os desafios colocados pelos gases com efeito de estufa, é necessário combinar estratégias de atenuação e de adaptação:

- **Mitigação**: Reduzir as emissões de gases com efeito de estufa através de políticas e acções que visem a transição para fontes de energia renováveis, a melhoria da eficiência energética, práticas sustentáveis de utilização dos solos e a promoção de tecnologias com baixo teor de carbono.

- **Adaptação**: Criar resiliência aos impactos das alterações climáticas através de melhorias nas infra-estruturas, preparação para catástrofes, conservação dos ecossistemas e estratégias de adaptação baseadas na comunidade.

- **Cooperação internacional**: Os esforços de colaboração entre nações, tal como demonstrado através de acordos globais como o Acordo de Paris, são essenciais para alcançar objectivos colectivos de redução das emissões e apoiar os esforços de resiliência climática.

Capítulo 2: Principais gases com efeito de estufa

Os gases com efeito de estufa (GEE) desempenham um papel fundamental no sistema climático da Terra, influenciando a temperatura do planeta através do efeito de estufa. Compreender as fontes, os impactes ambientais e as estratégias de atenuação dos principais gases com efeito de estufa - dióxido de carbono (CO2), metano (CH4), óxido nitroso (N2O) e outros GEE significativos - é essencial para enfrentar as alterações climáticas e promover a sustentabilidade ambiental.

2.1. Dióxido de carbono (CO2)

2.1.1 Fontes deCO2

O dióxido de carbono é o gás com efeito de estufa mais abundante e conhecido, produzido principalmente através de processos naturais e actividades humanas:

- **Fontes naturais**: As erupções vulcânicas, a respiração dos organismos vivos e a decomposição da matéria orgânica libertam CO2 para a atmosfera.
- **Fontes antropogénicas**: A queima de combustíveis fósseis (carvão, petróleo, gás natural) para a produção e transporte de energia é o maior contribuinte para as emissões de CO2. Outras fontes significativas incluem a desflorestação, as alterações do uso do solo (agricultura, urbanização) e os processos industriais (produção de cimento).

2.1.2 Sumidouros e ciclo do carbono

O CO2 é removido da atmosfera através de processos naturais, fazendo parte do ciclo global do carbono:

- **Absorção pelos oceanos**: Os oceanos actuam como um importante sumidouro de carbono, absorvendo CO2 da atmosfera através de processos físicos e biológicos.

- **Biosfera terrestre**: As florestas, os solos e a vegetação também absorvem CO2 através da fotossíntese e armazenam-no na biomassa e na matéria orgânica.

2.1.3 Tendências e concentrações atmosféricas

- **Tendências históricas**: As concentrações atmosféricas de CO2 aumentaram significativamente desde a Revolução Industrial, principalmente devido às actividades humanas. Os níveis pré-industriais eram de cerca de 280 partes por milhão (ppm), em comparação com mais de 400 ppm nos últimos anos.
- **Monitorização e medição**: A monitorização contínua em locais como o Observatório de Mauna Loa (Curva de Keeling) fornece dados críticos sobre as tendências do CO2 e as variações sazonais.

2.1.4 Impacto ambiental e alterações climáticas

- **Efeito de estufa**: O CO2 é um potente gás com efeito de estufa que contribui para o efeito de estufa ao reter a radiação infravermelha na atmosfera da Terra, conduzindo ao aquecimento global e às alterações climáticas.
- **Acidificação dos oceanos**: O CO2 absorvido altera a química da água do mar, conduzindo à acidificação dos oceanos, o que representa um risco para os ecossistemas marinhos e a biodiversidade.

2.1.5 Estratégias de atenuação

Os esforços para atenuar as emissões de CO2 centram-se na redução da utilização de combustíveis fósseis, no aumento do sequestro de carbono e na promoção das energias renováveis e da eficiência energética:

- **Energias renováveis**: A transição para fontes de energia renováveis (solar, eólica, hidroelétrica) reduz as emissões de CO2 provenientes da combustão de combustíveis fósseis.
- **Eficiência energética**: A melhoria da eficiência energética nos transportes, edifícios e indústrias reduz as emissões globais de CO2.
- **Florestação e reflorestação**: A plantação de árvores e a restauração de florestas aumentam os sumidouros de carbono, sequestrando o CO2 da atmosfera.
- **Captura e armazenamento de carbono (CCS)**: Tecnologias para capturar as emissões de CO2 de fontes industriais e armazená-las no subsolo ou utilizá-las noutras aplicações.

2.2. Metano (CH4)

2.2.1 Fontes de metano

O metano é um potente gás com efeito de estufa, com um tempo de vida atmosférico mais curto do que o CO_2, mas com um maior potencial de retenção de calor por molécula:

- **Fontes naturais**: Zonas húmidas, decomposição anaeróbica em ambientes naturais (por exemplo, arrozais) e hidratos de metano no permafrost e nos sedimentos oceânicos.
- **Fontes antropogénicas**: Agricultura (fermentação entérica na digestão do gado, gestão do estrume), produção e utilização de combustíveis fósseis (extração de gás natural, extração de carvão, fugas), aterros e tratamento de águas residuais.

2.2.2 Impacto ambiental

- **Efeito de estufa**: O metano tem um potencial de aquecimento global (GWP) 28-36 vezes superior ao CO_2 num período de 100 anos, embora tenha um tempo de vida atmosférico mais curto (~12 anos).
- **Qualidade do ar e saúde**: O metano contribui para a formação de ozono e smog, afectando a qualidade do ar e a saúde humana nas zonas urbanas.

2.2.3 Estratégias de atenuação

A redução das emissões de metano envolve estratégias que visam tanto as fontes naturais como as antropogénicas:

- **Práticas agrícolas**: Melhorar a gestão do gado, os aditivos alimentares e as práticas de gestão do estrume para reduzir as emissões de metano provenientes da fermentação entérica e do armazenamento do estrume.
- **Indústria de combustíveis fósseis**: Implementação de tecnologias de captura de metano e de deteção de fugas na extração, distribuição e utilização de gás natural.
- **Gestão de aterros sanitários**: Capturar as emissões de metano dos aterros através de sistemas de recolha de gases de aterro e promover a redução e a reciclagem de resíduos.

2.3. Óxido nitroso (N2O)

2.3.1 Fontes de óxido nitroso

O óxido nitroso é um poderoso gás com efeito de estufa com um longo tempo de vida na atmosfera e implicações ambientais significativas:

- **Fontes naturais**: Solos (processos microbianos), oceanos e processos naturais de ciclo do azoto nos ecossistemas terrestres e aquáticos.
- **Fontes antropogénicas**: Actividades agrícolas (utilização de fertilizantes, gestão dos solos), processos industriais (combustão de combustíveis fósseis) e gestão de resíduos (tratamento de águas residuais).

2.3.2 Efeitos no ozono e impacto ambiental

- **Empobrecimento da camada de ozono**: O N2O contribui para a destruição do ozono na estratosfera, afectando a capacidade da camada de ozono para proteger a vida da radiação ultravioleta (UV) nociva.
- **Efeito de estufa**: O N2O tem um potencial de aquecimento global cerca de 265-298 vezes superior ao do CO2 num período de 100 anos, contribuindo para as alterações climáticas.

2.3.3 Esforços regulamentares e atenuação

- **Esforços regulamentares**: Acordos internacionais como o Protocolo de Montreal abordam as emissões de N2O para reduzir a destruição da camada de ozono e promover práticas sustentáveis na agricultura e na indústria.
- **Práticas agrícolas**: Otimização da utilização de fertilizantes azotados, adoção de técnicas agrícolas de precisão e promoção de culturas de cobertura para reduzir as emissões de N2O dos solos.

2.4. Outros gases com efeito de estufa significativos

2.4.1 Vapor de água (H2O)

- **Fonte natural**: O vapor de água é o gás com efeito de estufa mais abundante na atmosfera, regulado principalmente pela temperatura atmosférica e pelos processos do ciclo da água.

- **Reação climática**: Embora não sejam diretamente controladas pelas actividades humanas, as alterações nos níveis de CO_2 atmosférico podem influenciar indiretamente as concentrações de vapor de água, amplificando o aquecimento do clima.

2.4.2 Ozono (O3)

- **Ozono estratosférico**: Protege a vida na Terra absorvendo a radiação UV nociva, formando a camada de ozono na estratosfera.
- **Ozono ao nível do solo**: Poluente e gás com efeito de estufa que se forma através de reacções químicas envolvendo gases precursores (compostos orgânicos voláteis e óxidos de azoto) na presença da luz solar.

2.4.3 Clorofluorocarbonetos (CFC) e Hidrofluorocarbonetos (HFC)

- **Aplicações industriais**: Compostos sintéticos utilizados em refrigeração, ar condicionado, isolamento de espuma e aerossóis.
- **Potencial de aquecimento global**: Os CFC foram progressivamente eliminados ao abrigo do Protocolo de Montreal devido ao seu papel na destruição da camada de ozono, tendo sido substituídos por HFC com elevado potencial de aquecimento global.

Capítulo 3: Fontes de gases com efeito de estufa

Os gases com efeito de estufa (GEE) desempenham um papel fundamental na regulação do clima da Terra, retendo o calor na atmosfera, um processo essencial para manter temperaturas propícias à vida. Embora alguns gases com efeito de estufa ocorram naturalmente através de processos ambientais, as actividades humanas aumentaram significativamente as suas concentrações, conduzindo a um maior aquecimento global e a alterações climáticas. Esta análise abrangente explora as fontes de gases com efeito de estufa, distinguindo entre ocorrências naturais e contribuições antropogénicas, e examina as suas implicações para a sustentabilidade ambiental e a resiliência climática.

Os gases com efeito de estufa englobam uma série de gases que retêm a radiação infravermelha emitida pela superfície da Terra, aquecendo assim a atmosfera. Os principais gases com efeito de estufa incluem o dióxido de carbono (CO_2), o metano (CH_4), o óxido nitroso (N_2O), o ozono (O_3) e os gases fluorados, como os hidrofluorocarbonetos (HFC) e os perfluorocarbonetos (PFC). A compreensão das suas fontes é crucial para avaliar o seu impacto na dinâmica climática global e formular estratégias de mitigação eficazes.

3.1 Fontes naturais de gases com efeito de estufa

3.1.1. Atividade vulcânica

As erupções vulcânicas libertam quantidades significativas de gases com efeito de estufa para a atmosfera, principalmente sob a forma de CO_2 e dióxido de enxofre (SO_2):

- **Emissões de CO_2**: As aberturas e fissuras vulcânicas libertam CO_2 armazenado no magma e nas rochas vulcânicas, contribuindo para o aumento a curto prazo das concentrações de CO_2 na atmosfera.

- **SO_2 e aerossóis**: O dióxido de enxofre reage com o vapor de água e o oxigénio na atmosfera para formar aerossóis de sulfato, que podem ter efeitos de arrefecimento ao reflectirem a luz solar de volta para o espaço.

Embora as erupções vulcânicas possam ter um impacto temporário nos padrões climáticos globais, a sua influência a longo prazo nos níveis de CO_2 atmosférico é menor em comparação com as emissões antropogénicas.

3.1.2. Incêndios florestais

Os incêndios florestais naturais libertam gases com efeito de estufa através da combustão de biomassa, incluindo vegetação e matéria orgânica:

- **Emissões de CO2**: A queima de vegetação liberta carbono armazenado sob a forma de CO2, contribuindo para picos de curto prazo nas concentrações atmosféricas de CO2.
- **Metano e óxido nitroso**: Os processos de combustão incompletos nos incêndios florestais também podem libertar metano (CH4) e óxido nitroso (N2O), embora em menores quantidades do que o CO2.

Os incêndios florestais são parte integrante da dinâmica dos ecossistemas, mas podem exacerbar os níveis de gases com efeito de estufa na atmosfera durante as épocas de incêndios intensos, influenciados pela variabilidade climática e pelas práticas de gestão dos solos.

3.1.3. Processos de decomposição

A decomposição natural da matéria orgânica nos solos, zonas húmidas e ambientes aquáticos liberta gases com efeito de estufa:

- **Metano (CH4)**: As condições anaeróbias em zonas húmidas, arrozais e solos ricos em matéria orgânica facilitam a produção microbiana de metano durante a decomposição da matéria orgânica.
- **CO2 e N2O**: O dióxido de carbono também é libertado durante os processos de decomposição aeróbia e anaeróbia, enquanto o óxido nitroso pode ser produzido através da nitrificação e desnitrificação microbiana.

Estes processos naturais contribuem para os ciclos do carbono e do azoto, influenciando a dinâmica dos gases com efeito de estufa nos ecossistemas terrestres e aquáticos.

3.2 Fontes antropogénicas de gases com efeito de estufa

As actividades humanas alteraram significativamente as concentrações de gases com efeito de estufa na atmosfera através de várias práticas industriais, agrícolas e de utilização dos solos:

3.2.1. Combustão de combustíveis fósseis

A combustão de combustíveis fósseis para produção de energia, transportes e processos industriais é uma das principais fontes de emissões antropogénicas de gases com efeito de estufa:

- **Dióxido de carbono (CO2)**: A queima de carvão, petróleo e gás natural liberta CO2 para a atmosfera, sendo responsável pela maior parte das emissões globais de gases com efeito de estufa.
- **. Metano (CH4) e óxido nitroso (N2O)**: As operações de extração e processamento de combustíveis fósseis podem também libertar emissões de metano e de óxido nitroso, embora em menor quantidade do que o CO2.

A expansão da utilização de combustíveis fósseis desde a Revolução Industrial provocou um aumento substancial dos níveis de CO2 na atmosfera, contribuindo para o aumento do aquecimento global e das alterações climáticas.

3.2.2. Processos industriais

As actividades industriais, incluindo a indústria transformadora, a produção de cimento e o processamento químico, emitem gases com efeito de estufa através de vários processos:

- **CO2**: A produção de cimento envolve a calcinação de calcário (carbonato de cálcio), libertando CO2 como subproduto. O fabrico de produtos químicos e os processos de combustão industrial também contribuem para as emissões de CO2.
- **Gases fluorados**: As aplicações industriais, como a refrigeração, o ar condicionado e o fabrico de produtos electrónicos, utilizam gases fluorados sintéticos (HFCs, PFCs, SF6) com elevado potencial de aquecimento global.

Os esforços para reduzir as emissões industriais incluem a melhoria da eficiência energética, a adoção de tecnologias de produção mais limpas e a aplicação de regimes de comércio de emissões.

3.2.3. Agricultura e alterações na utilização dos solos

As práticas agrícolas e as alterações na utilização dos solos têm um impacto significativo nas emissões de gases com efeito de estufa e no sequestro de carbono:

- **Criação de gado**: A digestão dos ruminantes (bovinos, ovinos) e a gestão do estrume libertam emissões de metano (CH4). A fermentação entérica nos sistemas digestivos dos animais é uma das principais fontes de metano agrícola.
- **Cultivo de arroz**: Os arrozais inundados criam condições anaeróbias propícias à produção de metano (CH4) por bactérias metanogénicas.
- **Desflorestação e limpeza de terrenos**: As alterações na utilização dos solos, incluindo a desflorestação para fins agrícolas, a urbanização e o desenvolvimento de infra-estruturas, reduzem os sumidouros de carbono e libertam o carbono armazenado sob a forma de CO2.

As práticas agrícolas sustentáveis, os esforços de florestação/reflorestação e as estratégias de gestão das terras visam atenuar as emissões de gases com efeito de estufa e promover o sequestro de carbono nos solos e na vegetação.

3.3 Implicações para a sustentabilidade ambiental

A acumulação de gases com efeito de estufa na atmosfera tem implicações profundas na dinâmica climática global e na sustentabilidade ambiental:

- **Alterações climáticas**: O aumento do efeito de estufa conduz ao aquecimento global, alterando os padrões meteorológicos, aumentando a frequência de fenómenos meteorológicos extremos e contribuindo para a subida do nível do mar.
- **Acidificação dos oceanos**: A absorção de CO2 pelos oceanos altera a química da água do mar, conduzindo à acidificação dos oceanos, que ameaça os ecossistemas marinhos e a biodiversidade.

- **Qualidade do ar e saúde**: As emissões de gases com efeito de estufa, juntamente com os poluentes co-emitidos (por exemplo, partículas, óxidos de azoto), degradam a qualidade do ar, agravam as doenças respiratórias e têm impacto na saúde pública.

3.4 Estratégias de atenuação

A abordagem das emissões de gases com efeito de estufa exige estratégias de atenuação integradas em todos os sectores e escalas:

- **Transição energética**: A transição para fontes de energia renováveis (solar, eólica, hidroelétrica) e a promoção da eficiência energética reduzem a dependência dos combustíveis fósseis e atenuam as emissões de CO_2.
- **Agricultura sustentável**: A melhoria das práticas de gestão pecuária, a otimização da utilização de fertilizantes e a promoção de abordagens agroecológicas aumentam a produtividade agrícola e reduzem as emissões de metano e de óxido nitroso.
- **Florestação e reflorestação**: A plantação de árvores e a restauração de florestas expandem os sumidouros de carbono, sequestrando CO_2 da atmosfera e aumentando a biodiversidade e a resiliência dos ecossistemas.

Capítulo 4: Impacto dos gases com efeito de estufa no clima

Os gases com efeito de estufa (GEE) desempenham um papel fundamental no sistema climático da Terra, influenciando as temperaturas globais e os padrões climáticos através do efeito de estufa. Esta análise exaustiva explora os mecanismos do aquecimento global provocado pelos GEE, apresenta provas das alterações climáticas derivadas dos registos de temperatura, do degelo e da subida do nível do mar, e examina os impactos regionais, incluindo fenómenos meteorológicos extremos e alterações nos ecossistemas. Compreender esta dinâmica é crucial para avaliar as consequências das emissões antropogénicas de gases com efeito de estufa e formular estratégias para mitigar os impactos das alterações climáticas e aumentar a resiliência.

4.1 Mecanismo do aquecimento global

O mecanismo do aquecimento global tem origem no efeito de estufa, um fenómeno natural que regula a temperatura da Terra:

- **Radiação solar**: O Sol emite energia sob a forma de luz solar, que atravessa a atmosfera da Terra e atinge a superfície do planeta.
- **Absorção e Reflexão**: Parte desta radiação solar recebida é absorvida pela superfície da Terra, aquecendo-a, enquanto uma parte é reflectida para o espaço (efeito albedo).
- **Radiação infravermelha**: A superfície da Terra reemite a energia solar absorvida sob a forma de radiação infravermelha (calor), que os gases com efeito de estufa (GEE) na atmosfera absorvem e reemitem em todas as direcções.
- **Aprisionamento de calor**: Os gases com efeito de estufa, como o dióxido de carbono (CO_2), o metano (CH_4) e o óxido nitroso (N_2O), retêm a radiação infravermelha na atmosfera, impedindo-a de escapar para o espaço. Este processo aumenta o efeito de estufa natural da Terra, levando ao aquecimento da baixa atmosfera e das temperaturas à superfície.

4.2 Provas das alterações climáticas

4.2.1 Registos de temperatura

Os registos da temperatura global fornecem provas irrefutáveis das alterações climáticas ocorridas no último século:

- **Tendências históricas**: Os registos instrumentais, como os das estações meteorológicas e dos satélites, mostram um aumento acentuado das temperaturas médias globais desde o final do século XIX.
- **Tendências de aquecimento**: O Painel Intergovernamental sobre as Alterações Climáticas (IPCC) refere que cada uma das últimas quatro décadas tem sido progressivamente mais quente do que a anterior, sendo 2011-2020 a década mais quente de que há registo.
- **Variabilidade espacial**: As anomalias de temperatura variam consoante as regiões, com um aquecimento mais acentuado nas regiões polares e de elevada altitude, em comparação com as médias globais.

4.2.2 Derreter o gelo

O degelo das calotes polares, dos glaciares e dos lençóis de gelo constitui um indicador visível das alterações climáticas:

- **Gelo marinho do Ártico**: A diminuição da extensão e da espessura do gelo marinho no Ártico acelerou desde a década de 1980, tendo sido observados níveis recorde de gelo marinho durante os meses de verão.
- **Manto de gelo da Gronelândia**: O degelo acelerado do manto de gelo da Gronelândia contribui para a subida do nível do mar, com impacto nas comunidades e ecossistemas costeiros.
- **Perda de gelo no Antártico**: Partes do manto de gelo do Antártico também sofreram uma perda significativa de gelo, particularmente ao longo de regiões costeiras vulneráveis.

4.2.3 Aumento do nível do mar

O aumento das temperaturas globais contribui para a expansão térmica da água do mar e para a fusão do gelo terrestre, conduzindo à subida do nível do mar:

- **Medições quantitativas**: Os registos de marégrafos e as medições de altimetria por satélite indicam um aumento consistente do nível global do mar ao longo do último século.
- **Variabilidade regional**: Os impactos da subida do nível do mar variam regionalmente devido a factores como a subsidência da terra, as correntes oceânicas e os efeitos gravitacionais.
- **Vulnerabilidade costeira**: As regiões costeiras de baixa altitude, incluindo as zonas deltaicas e as pequenas nações insulares, enfrentam riscos acrescidos de inundações, tempestades e intrusão de água salgada.

4.3 Impactos regionais

As alterações climáticas manifestam-se através de uma variedade de impactos regionais, afectando os ecossistemas, o clima
padrões e sistemas socioeconómicos:

4.3.1 Eventos climáticos extremos

As alterações climáticas influenciam a frequência, a intensidade e a distribuição espacial dos fenómenos meteorológicos extremos:

- **Ondas de calor**: O aumento da frequência e da duração das vagas de calor agrava os riscos para a saúde relacionados com o calor e a pressão sobre as infra-estruturas (por exemplo, a procura de energia).
- **Precipitação intensa**: A intensificação da precipitação contribui para inundações repentinas, erosão do solo e impactos na qualidade da água em zonas urbanas e rurais.
- **Secas**: As condições de seca prolongada afectam a agricultura, os recursos hídricos e os ecossistemas, conduzindo a quebras de colheitas e ao stress dos ecossistemas.

4.3.2 Alterações do ecossistema

As alterações climáticas perturbam os ecossistemas terrestres e marinhos, afectando a biodiversidade e os serviços ecossistémicos:

- **Mudanças na distribuição das espécies**: A alteração dos padrões de temperatura e precipitação altera a adequação do habitat, provocando mudanças na distribuição das espécies e nos padrões de migração.
- **Branqueamento dos corais**: O aquecimento das temperaturas oceânicas afecta os recifes de coral, levando a eventos de branqueamento dos corais e a uma maior suscetibilidade a doenças.
- **Degelo do permafrost**: O degelo do permafrost nas regiões árcticas liberta metano e CO2, aumentando as emissões de gases com efeito de estufa e alterando a estabilidade da paisagem.

4.3.3 Impactos agrícolas

As alterações nos padrões de temperatura e precipitação afectam a produtividade agrícola e a segurança alimentar:

- **Rendimentos das culturas**: A variabilidade das estações de crescimento e a disponibilidade de água têm impacto nos rendimentos das culturas, com implicações para as cadeias globais de abastecimento alimentar e para a estabilidade económica.
- **Dinâmica de pragas e doenças**: As alterações climáticas favorecem a propagação de pragas e doenças, colocando desafios à gestão das culturas e à resiliência agrícola.
- **Recursos hídricos**: As alterações nos padrões de degelo e nos caudais dos rios afectam a disponibilidade de água para irrigação e os ecossistemas de água doce.

4.3.4 Implicações sociais e económicas

As alterações climáticas colocam desafios socioeconómicos significativos, em especial para as populações e regiões vulneráveis:

- **Saúde humana**: As doenças relacionadas com o calor, as doenças transmitidas por vectores e as doenças respiratórias aumentam com a alteração das condições climáticas, afectando os sistemas de saúde pública.

- **Infra-estruturas**: As infra-estruturas costeiras, incluindo portos, estradas e aglomerações urbanas, enfrentam riscos decorrentes da subida do nível do mar, das tempestades e da erosão costeira.
- **Deslocação e migração**: Os factores de stress ambiental induzidos pelo clima contribuem para a deslocação e migração das populações, exacerbando as tensões sociais e as necessidades humanitárias.

4.3.5 Estratégias de atenuação e adaptação

A resposta aos impactos dos gases com efeito de estufa no clima exige esforços coordenados de atenuação e adaptação:

- **Mitigação**: Redução das emissões de gases com efeito de estufa através de políticas, tecnologias (por exemplo, energias renováveis) e mudanças no estilo de vida para limitar o aumento da temperatura global.
- **Adaptação**: Reforçar a resiliência através da recuperação de ecossistemas, de uma agricultura inteligente do ponto de vista climático, de melhorias das infra-estruturas e de medidas de adaptação baseadas na comunidade.
- **Cooperação internacional**: Os acordos globais, como o Acordo de Paris, promovem a ação colectiva em matéria de atenuação, adaptação e financiamento do clima para apoiar os países em desenvolvimento.

Capítulo 5: Gases com efeito de estufa e acidificação dos oceanos

A interação entre os gases com efeito de estufa (GEE), em particular o dióxido de carbono (CO2), e os oceanos do mundo é um aspeto crítico das alterações climáticas e da sustentabilidade ambiental. Esta análise abrangente explora o ciclo do carbono e a dinâmica de absorção dos oceanos, examina os efeitos do aumento do CO2 na vida marinha e discute as consequências para as pescas e as comunidades costeiras. Compreender estas interligações é essencial para avaliar as implicações ecológicas, económicas e sociais da acidificação dos oceanos e formular estratégias para mitigar os seus impactos.

5.1 Ciclo do carbono e absorção oceânica

5.1.1. Dinâmica do ciclo do carbono

O ciclo do carbono refere-se ao movimento do carbono através da atmosfera, dos oceanos, da terra e dos organismos vivos da Terra:

- **CO2 atmosférico**: O dióxido de carbono é trocado entre a atmosfera e os ecossistemas terrestres através da fotossíntese (absorção de carbono) e da respiração (libertação de carbono).
- **Sumidouro de carbono oceânico**: Os oceanos actuam como um importante sumidouro de carbono, absorvendo CO2 da atmosfera através de uma série de processos químicos e biológicos.
- **Ciclo Biogeoquímico**: No oceano, o CO2 sofre dissolução, onde reage com a água do mar para formar ácido carbónico (H_2CO_3), iões de bicarbonato (HCO_3^-) e iões de carbonato (CO_3^{2-}), influenciando coletivamente a química da água do mar e os níveis de pH.

5.1.2. Absorção de CO2 pelos oceanos

Os oceanos desempenham um papel crucial na regulação dos níveis de CO2 atmosférico e na atenuação dos impactos das alterações climáticas:

- **Troca à superfície**: O CO2 dissolve-se à superfície do oceano, devido às diferenças de pressões parciais entre a atmosfera e a água do mar.

- **Equilíbrio químico**: O CO2 dissolvido sofre hidratação para formar ácido carbónico, que se dissocia em iões de bicarbonato e carbonato, alterando os níveis de pH do oceano.
- **Bomba biológica**: Os organismos marinhos, como o fitoplâncton e as plantas marinhas, contribuem para o sequestro de carbono através da fotossíntese, armazenando carbono na matéria orgânica e nos sedimentos marinhos.

5.2 Efeitos do aumento do CO2 na vida marinha

5.2.1. Processo de acidificação dos oceanos

A acidificação dos oceanos refere-se à diminuição contínua do pH da água do mar e da concentração de iões carbonato devido ao aumento da absorção de CO2:

- **Redução do pH**: Níveis elevados de CO2 reduzem o pH da água do mar, deslocando o equilíbrio de carbonato para iões de bicarbonato, o que tem impacto nos organismos marinhos calcificadores.
- **Saturação de Carbonato de Cálcio**: A disponibilidade reduzida de iões carbonato limita a formação de estruturas de carbonato de cálcio (CaCO3), essenciais para os organismos formadores de conchas (por exemplo, corais, moluscos e espécies planctónicas).
- **Impacto no biota marinho**: A acidificação dos oceanos afecta os processos fisiológicos, as taxas de crescimento, a reprodução e a sobrevivência global dos organismos marinhos adaptados a condições de pH específicas.

5.2.2. Espécies marinhas vulneráveis

Certos organismos marinhos são particularmente vulneráveis aos impactos da acidificação dos oceanos:

- **Corais**: Os recifes de coral são susceptíveis de reduzir as taxas de calcificação e de aumentar os fenómenos de branqueamento em condições ácidas, o que afecta a estrutura e a biodiversidade dos recifes.
- **Moluscos e mariscos**: Os organismos que formam conchas enfrentam desafios para manter a integridade e o crescimento das conchas, com impacto nas

operações comerciais de pesca e aquacultura.

- **Espécies planctónicas**: O fitoplâncton e o zooplâncton, componentes críticos das cadeias alimentares marinhas, sofrem alterações na dinâmica de crescimento e na composição das comunidades em regimes de pH variáveis.

5.3 Consequências para as pescas e as comunidades costeiras

5.3.1. Pesca e aquicultura

A acidificação dos oceanos apresenta riscos para os sectores da pesca e da aquicultura a nível mundial:

- **Pesca comercial**: Espécies de peixes economicamente importantes podem sofrer mudanças de habitat, padrões de migração alterados e disponibilidade reduzida de presas devido a mudanças no ecossistema.
- **Aquacultura de moluscos**: As ostras, os mexilhões e outras espécies de bivalves enfrentam desafios na formação e crescimento das conchas, com impacto na produção aquícola e nos meios de subsistência.

5.3.2. Ecossistemas e serviços costeiros

As comunidades costeiras dependem de ecossistemas marinhos saudáveis para obterem serviços ecossistémicos e benefícios socioeconómicos:

- **Perda de biodiversidade**: O declínio dos recifes de coral, das pradarias de ervas marinhas e das florestas de mangais reduz a qualidade do habitat e a biodiversidade, afectando o turismo, as actividades recreativas e a resiliência costeira.
- **Impactos económicos**: As perdas de produtividade da pesca, a diminuição das receitas do turismo e o aumento da vulnerabilidade aos riscos costeiros (por exemplo, tempestades) afectam as economias e os meios de subsistência locais.

5.3.3. Estratégias de adaptação e de atenuação

A resposta aos impactos da acidificação dos oceanos exige estratégias integradas às escalas global, regional e local:

- **Reduzir as emissões de CO2**: A atenuação das alterações climáticas através da redução das emissões e da transição para fontes de energia renováveis reduz a absorção de CO2 pelos oceanos.

- **Reforçar a resiliência**: A implementação de áreas marinhas protegidas, a recuperação de habitats costeiros e a promoção de uma gestão sustentável das pescas aumentam a resiliência dos ecossistemas à acidificação dos oceanos.

- **Medidas de adaptação**: O apoio a estratégias de adaptação na pesca, na aquicultura e no planeamento costeiro melhora a preparação e a resposta da comunidade a condições ambientais em mudança.

Capítulo 6: Impactos na saúde e no ambiente

As alterações climáticas e a poluição ambiental têm profundas implicações para a saúde humana, a biodiversidade e os sistemas socioeconómicos em todo o mundo. Esta análise abrangente explora as complexas interligações entre estes fenómenos, centrando-se nos seus impactos na qualidade do ar, na biodiversidade e em sectores socioeconómicos como a agricultura, os recursos hídricos e as deslocações humanas. A compreensão destes impactos é crucial para o desenvolvimento de estratégias para mitigar a degradação ambiental, adaptar-se às condições em mudança e promover o desenvolvimento sustentável para as gerações actuais e futuras.

6.1 Qualidade do ar: Smog, doenças respiratórias e alterações climáticas

6.1.1. Fontes de poluição e efeitos na saúde

A poluição atmosférica, exacerbada por actividades antropogénicas como a combustão de combustíveis fósseis, as emissões industriais e as práticas agrícolas, contribui para uma má qualidade do ar e para resultados adversos em termos de saúde:

- **Material particulado (PM)**: As partículas finas (PM2,5) e as partículas grossas (PM10) provenientes dos gases de escape dos veículos, dos processos industriais e da queima de biomassa penetram profundamente no sistema respiratório, causando doenças respiratórias (por exemplo, asma, bronquite) e problemas cardiovasculares.
- **Ozono troposférico (O3)**: A formação de ozono a partir de óxidos de azoto (NOx) e de compostos orgânicos voláteis (COV) na presença da luz solar agrava as doenças respiratórias e contribui para a formação de smog nas zonas urbanas.
- **Impactos na saúde**: A exposição a longo prazo aos poluentes atmosféricos aumenta as taxas de mortalidade, agrava as doenças pulmonares e apresenta riscos para a saúde, especialmente para as populações vulneráveis (por exemplo, crianças, idosos, indivíduos com doenças pré-existentes).

6.1.2. Alterações climáticas e qualidade do ar

As alterações climáticas influenciam a dinâmica da qualidade do ar através do aumento da temperatura, da alteração dos padrões de precipitação e das alterações da circulação atmosférica:

- **Incêndios florestais e aerossóis**: A intensificação das épocas de incêndios florestais liberta grandes quantidades de fumo e de partículas, afectando a qualidade do ar em regiões extensas e agravando os riscos para a saúde respiratória.
- **Inversões de temperatura**: As alterações na estabilidade atmosférica podem prender os poluentes perto do solo, levando à deterioração localizada da qualidade do ar e à exposição prolongada a emissões nocivas.
- **Respostas no domínio da saúde pública**: O reforço da monitorização, os alertas de qualidade do ar e as medidas políticas (por exemplo, controlos das emissões, transições para energias limpas) atenuam os impactos na saúde e promovem um planeamento urbano sustentável.

6.2 Efeitos na biodiversidade: Perda de habitat e extinção de espécies

6.2.1. Degradação e fragmentação do habitat

As alterações climáticas e a destruição dos habitats perturbam os ecossistemas, pondo em risco a biodiversidade e a estabilidade ecológica:

- **Extremos de temperatura**: As mudanças nos regimes de temperatura alteram a distribuição das espécies, afectando a adequação do habitat e os padrões de migração de plantas e animais.
- **Subida do nível do mar**: Os ecossistemas costeiros, incluindo os mangais e os recifes de coral, enfrentam inundações e perda de habitat, diminuindo os locais de reprodução das espécies marinhas e reduzindo a resiliência costeira.
- **Espécies invasoras**: As alterações climáticas na precipitação e na temperatura favorecem a propagação de espécies invasoras, que ultrapassam a flora e a fauna nativas e alteram a dinâmica dos ecossistemas.

6.2.2. Vulnerabilidade das espécies e riscos de extinção

As alterações climáticas agravam os riscos de extinção das espécies através de impactos directos e indirectos na dinâmica das populações e nas interacções ecológicas:

- **Regiões polares**: Os ecossistemas do Ártico e da Antárctida sofrem alterações rápidas na extensão do gelo marinho e na perda de habitat, ameaçando espécies icónicas como os ursos polares, os pinguins e os mamíferos marinhos.
- **Recifes de coral**: A acidificação dos oceanos e o aquecimento das temperaturas afectam os recifes de coral, levando a fenómenos de branqueamento e à redução da biodiversidade nos habitats marinhos.
- **Esforços globais de conservação**: As estratégias de conservação, incluindo a recuperação de habitats, a gestão de áreas protegidas e os programas de conservação de espécies, atenuam os riscos de extinção e promovem a resiliência dos ecossistemas.

6.3 Impactos socioeconómicos: Agricultura, recursos hídricos e deslocação

6.3.1. Produtividade agrícola e segurança alimentar

A variabilidade climática e os fenómenos meteorológicos extremos perturbam os sistemas agrícolas e a produção alimentar:

- **Rendimento das culturas**: As secas, as inundações e as vagas de calor afectam o rendimento das culturas, pondo em risco a segurança alimentar e os meios de subsistência das comunidades agrícolas em regiões vulneráveis.
- **Surtos de pragas e doenças**: A mudança das condições climáticas altera a dinâmica das pragas e doenças, exigindo práticas agrícolas adaptáveis e variedades de culturas resistentes.
- **Estratégias de adaptação**: As técnicas agrícolas inteligentes do ponto de vista climático, os sistemas de irrigação eficientes do ponto de vista hídrico e as práticas sustentáveis de gestão dos solos aumentam a resiliência agrícola e atenuam os impactos socioeconómicos.

6.3.2. Gestão dos recursos hídricos

As alterações climáticas têm impacto na disponibilidade, qualidade e distribuição da água, afectando as populações humanas e os ecossistemas de água doce:

- **Stress hídrico**: O aumento das temperaturas e a alteração dos padrões de precipitação agravam a escassez de água nas regiões áridas e semi-áridas, afectando o abastecimento de água potável e a irrigação agrícola.

- **Serviços ecossistémicos**: As alterações nos ciclos hidrológicos afectam os caudais dos rios, os habitats das zonas húmidas e a biodiversidade aquática, prejudicando os serviços ecossistémicos cruciais para a purificação da água e a regulação das cheias.

- **Gestão integrada da água**: A gestão das bacias hidrográficas, as medidas de conservação da água e os quadros de governação adaptativa apoiam a gestão sustentável dos recursos hídricos e a resiliência dos ecossistemas.

6.3.3. Deslocação humana e vulnerabilidade

Os factores de stress ambiental induzidos pelo clima contribuem para a deslocação e migração das populações, em especial nas comunidades vulneráveis:

- **Vulnerabilidade costeira**: A subida do nível do mar e as tempestades ameaçam as comunidades costeiras de baixa altitude, exigindo medidas de adaptação e estratégias de relocalização.

- **Refugiados climáticos**: As deslocações devidas a fenómenos meteorológicos extremos, secas e degradação ambiental aumentam as tensões sociais e os desafios humanitários, exigindo cooperação internacional e respostas políticas.

- **Reforço da resiliência**: O reforço da resiliência das comunidades através da preparação para catástrofes, de redes de segurança social e de um planeamento urbano inclusivo promove a capacidade de adaptação e reduz a vulnerabilidade aos impactos climáticos.

Capítulo 7: Estratégias de atenuação

As alterações climáticas colocam desafios significativos aos ecossistemas globais, às economias e às sociedades humanas, exigindo uma ação urgente para mitigar as emissões de gases com efeito de estufa e limitar o aumento da temperatura. Esta análise exaustiva explora as estratégias de atenuação através de políticas e acordos internacionais, soluções tecnológicas como as energias renováveis e a captura e armazenamento de carbono (CCS) e mudanças no estilo de vida, incluindo a eficiência energética, transportes sustentáveis e escolhas alimentares. A compreensão destas estratégias é crucial para alcançar os objectivos climáticos globais, promover o desenvolvimento sustentável e aumentar a resistência aos impactos climáticos.

7.1 Política e acordos internacionais

7.1.1. Governação global do clima

A atenuação efectiva das alterações climáticas exige esforços coordenados através de acordos internacionais e políticas nacionais:

- **Convenção-Quadro das Nações Unidas sobre Alterações Climáticas (UNFCCC)**: Criada em 1992, a CQNUAC estabelece o quadro para a ação climática global, dando ênfase à atenuação, adaptação, financiamento e transferência de tecnologia.
- **Acordo de Paris**: Adotado em 2015, o Acordo de Paris visa limitar o aumento da temperatura global bem abaixo dos 2 graus Celsius acima dos níveis pré-industriais, com esforços para o limitar a 1,5 graus Celsius. Inclui os Contributos Determinados a Nível Nacional (CDN), em que os países definem os seus compromissos de redução das emissões de gases com efeito de estufa.
- **Políticas nacionais**: Os países implementam políticas nacionais, tais como mecanismos de fixação de preços do carbono (por exemplo, impostos sobre o carbono, sistemas de limitação e comércio), objectivos para as energias renováveis, normas de eficiência energética e subsídios para tecnologias limpas.

7.1.2. O papel da cooperação internacional

A cooperação global facilita a transferência de tecnologia, o reforço das capacidades e o apoio financeiro aos países em desenvolvimento:

- **Transferência de tecnologia**: As economias avançadas apoiam os países em desenvolvimento na adoção e implantação de tecnologias limpas através da transferência de tecnologia e da partilha de conhecimentos

  iniciativas.

- **Financiamento climático**: Os países desenvolvidos comprometem-se a efetuar contribuições financeiras para o Fundo Verde para o Clima (GCF) e outros mecanismos para ajudar os países em desenvolvimento nos esforços de adaptação e atenuação das alterações climáticas.

- **Adaptação e resiliência**: A assistência internacional centra-se no reforço da capacidade de adaptação e da resiliência em regiões vulneráveis através de avaliações dos riscos climáticos, sistemas de alerta precoce e investimentos em infra-estruturas.

7.2 Soluções tecnológicas: Energias renováveis e captura de carbono

7.2.1. Transição para as energias renováveis

O aumento da utilização de energias renováveis reduz a dependência dos combustíveis fósseis e atenua as emissões de gases com efeito de estufa:

- **Energia solar**: Os painéis fotovoltaicos (PV) convertem a luz solar em eletricidade, fornecendo energia limpa para aplicações residenciais, comerciais e à escala de serviços públicos.

- **Energia eólica**: As turbinas eólicas aproveitam a energia do vento para gerar eletricidade, contribuindo para a estabilidade da rede e reduzindo as emissões de carbono da produção de eletricidade.

- **Energia hidroelétrica**: As barragens hidroeléctricas e os projectos a fio de água utilizam a água corrente para produzir eletricidade, apoiando a integração das energias renováveis e a segurança energética regional.

7.2.2. Captura e armazenamento de carbono (CCS)

As tecnologias CCS capturam as emissões de CO_2 provenientes de processos industriais e da produção de eletricidade, evitando a sua libertação na atmosfera:

- **Tecnologias de captura**: A pós-combustão, a pré-combustão e a combustão oxi-combustível capturam o CO_2 das centrais eléctricas alimentadas a combustíveis fósseis e das instalações industriais.
- **Transporte e armazenamento**: O CO_2 capturado é comprimido e transportado através de condutas ou navios para locais de armazenamento geológico (por exemplo, reservatórios de petróleo e gás esgotados, aquíferos salinos) para armazenamento seguro e sequestro permanente.
- **Recuperação melhorada de petróleo (EOR)**: A injeção de CO_2 melhora a recuperação de petróleo em campos petrolíferos maduros, proporcionando incentivos económicos para a implantação da CAC e reduzindo as emissões líquidas de CO_2.

7.3 Mudanças no estilo de vida: Eficiência energética e práticas sustentáveis

7.3.1. Melhorias na eficiência energética

A redução do consumo de energia através de medidas de eficiência diminui as emissões de gases com efeito de estufa e promove a conservação dos recursos:

- **Readaptação de edifícios**: As actualizações do isolamento, a iluminação energeticamente eficiente e as tecnologias de edifícios inteligentes melhoram o desempenho energético e reduzem as necessidades de aquecimento e refrigeração.
- **Transportes**: A eletrificação dos veículos, a expansão dos transportes públicos e as opções de transporte ativo (por exemplo, andar de bicicleta e a pé) reduzem a dependência dos combustíveis fósseis e o congestionamento urbano.
- **Processos industriais**: As melhorias de eficiência no fabrico, a automação industrial e os sistemas de recuperação de calor residual aumentam a produtividade energética e a competitividade.

7.3.2. Transportes sustentáveis e planeamento urbano

A promoção de modos de transporte sustentáveis e de uma conceção urbana minimiza as emissões de carbono e aumenta a resiliência urbana:

- **Trânsito público**: O investimento em sistemas de trânsito rápido de autocarros (BRT), redes de metropolitano ligeiro e centros de transporte intermodais reduz as emissões dos veículos e melhora a mobilidade urbana.

- **Transportes activos**: Infra-estruturas favoráveis aos peões, pistas para bicicletas e serviços de mobilidade partilhada (por exemplo, partilha de bicicletas, partilha de automóveis) incentivam opções de transporte com baixo teor de carbono e promovem estilos de vida mais saudáveis.

- **Cidades compactas**: Os empreendimentos de utilização mista, os códigos de construção ecológicos e os espaços verdes urbanos reduzem a expansão urbana, o consumo de energia e os efeitos das ilhas de calor.

7.3.3. Escolhas alimentares e sistemas alimentares

A transição para regimes alimentares e práticas agrícolas sustentáveis reduz as emissões de gases com efeito de estufa e aumenta a segurança alimentar:

- **Dietas à base de plantas**: A incorporação de mais alimentos à base de plantas e a redução do consumo de carne reduzem as emissões de metano agrícola e as taxas de desflorestação associadas à produção pecuária.

- **Agricultura local e orgânica**: O apoio aos sistemas alimentares locais, às práticas de agricultura biológica e às abordagens agroecológicas promove a conservação da biodiversidade e a saúde dos solos.

- **Redução do desperdício alimentar**: Minimizar o desperdício alimentar através de um melhor armazenamento, distribuição e sensibilização dos consumidores reduz as emissões de metano provenientes da decomposição em aterros e conserva os recursos.

Capítulo 8: Adaptação e resiliência

As alterações climáticas colocam desafios sem precedentes às comunidades, indústrias e ecossistemas de todo o mundo, exigindo estratégias de adaptação e medidas de reforço da resiliência. Esta análise exaustiva explora as estratégias de adaptação para as comunidades e as indústrias, a criação de resiliência nas infra-estruturas e nos ecossistemas e os estudos de casos que destacam os esforços de adaptação bem sucedidos. A compreensão destas estratégias e exemplos de casos é crucial para melhorar a capacidade de adaptação, reduzir a vulnerabilidade e promover o desenvolvimento sustentável face à variabilidade climática e às alterações ambientais.

8.1 Estratégias de adaptação das comunidades e das indústrias às alterações climáticas

8.1.1. Adaptação a nível comunitário

As comunidades aplicam estratégias de adaptação para atenuar os riscos climáticos e aumentar a resiliência:

- **Avaliação dos riscos climáticos**: Realização de avaliações de vulnerabilidade e planeamento de cenários para identificar os impactos climáticos (por exemplo, fenómenos meteorológicos extremos, subida do nível do mar) e dar prioridade às medidas de adaptação.
- **Envolvimento da comunidade**: As consultas às partes interessadas, a educação pública e os processos participativos de tomada de decisões fomentam a resiliência da comunidade e promovem o comportamento adaptativo.
- **Melhorias nas infra-estruturas**: Readaptação de edifícios, melhoria dos sistemas de drenagem e modernização das infra-estruturas de gestão das águas pluviais para resistir aos riscos relacionados com o clima (por exemplo, inundações, ondas de calor).
- **Gestão dos recursos naturais**: Proteger os ecossistemas costeiros (por exemplo, mangais, zonas húmidas) e implementar práticas de gestão de bacias hidrográficas para aumentar a segurança da água e a resiliência da biodiversidade.

8.1.2. Adaptação específica ao sector

As indústrias adoptam estratégias de adaptação para minimizar os riscos climáticos e assegurar a continuidade das actividades:

- **Resiliência da cadeia de abastecimento**: Diversificação das cadeias de abastecimento, aquisição de matérias-primas resilientes e estabelecimento de planos de continuidade das actividades para atenuar as perturbações decorrentes dos impactos climáticos (por exemplo, fenómenos meteorológicos extremos, perturbações da cadeia de abastecimento).

- **Integração tecnológica**: Incorporação de tecnologias inteligentes em termos de clima (por exemplo, sistemas de energia renovável, tecnologias eficientes em termos de água) para reduzir as emissões de gases com efeito de estufa e aumentar a eficiência operacional.

- **Financiamento de riscos**: Investir em seguros climáticos, mecanismos de transferência de riscos e instrumentos financeiros para gerir os riscos relacionados com o clima e garantir a estabilidade financeira.

- **Reforço das capacidades de adaptação**: Formação de funcionários em gestão de riscos climáticos, implementação de tecnologias adaptativas e promoção da inovação para aumentar a resiliência e a competitividade da indústria.

8.2 Reforçar a resiliência das infra-estruturas e dos ecossistemas

8.2.1. Resiliência das infra-estruturas

As infra-estruturas resilientes resistem aos impactos climáticos e apoiam o desenvolvimento sustentável:

- **Conceção resiliente às alterações climáticas**: Integração das projecções climáticas no planeamento de infra-estruturas, conceção de edifícios e redes de transportes para resistir a fenómenos meteorológicos extremos (por exemplo, furacões, ondas de calor).

- **Infra-estruturas verdes**: Instalação de telhados verdes, pavimentos permeáveis e espaços verdes urbanos para reduzir os efeitos da ilha de calor urbana, melhorar a gestão das águas pluviais e aumentar a resiliência da comunidade.

- **Integração de tecnologias inteligentes**: Implementação de redes de sensores, sistemas de monitorização em tempo real e soluções de infra-estruturas adaptáveis para melhorar a capacidade de resposta e minimizar o tempo de inatividade durante perturbações relacionadas com o clima.

- **Proteção das infra-estruturas críticas**: Reforço das redes de energia, das redes de telecomunicações e dos sistemas de transportes contra os riscos climáticos, a fim de garantir a fiabilidade da prestação de serviços e a capacidade de resposta a emergências.

8.2.2. Resiliência do ecossistema

As abordagens baseadas nos ecossistemas promovem a resiliência natural e a conservação da biodiversidade:

- **Restauração ecológica**: Restaurar ecossistemas degradados (por exemplo, florestas, zonas húmidas) para aumentar o sequestro de carbono, o habitat da biodiversidade e a resiliência dos serviços ecossistémicos.

- **Soluções Naturais para o Clima**: Implementação de práticas de reflorestação, florestação e gestão sustentável dos solos para mitigar as emissões de gases com efeito de estufa e aumentar a resistência dos ecossistemas aos impactos climáticos.

- **Gestão integrada da água**: Proteger as bacias hidrográficas, manter os corredores fluviais e implementar práticas sustentáveis de utilização da água para aumentar a resiliência dos ecossistemas de água doce e apoiar a conservação da biodiversidade.

- **Gestão adaptativa**: Monitorização da saúde dos ecossistemas, realização de investigação ecológica e integração dos conhecimentos indígenas para informar as estratégias de gestão adaptativa e promover a resiliência dos ecossistemas.

8.3 Estudos de casos de esforços de adaptação bem sucedidos

8.3.1. Roterdão, Países Baixos - Cidade à prova de clima

Roterdão implementou medidas inovadoras de proteção contra as inundações e estratégias de planeamento urbano para se adaptar à subida do nível do mar e às tempestades:

- **Maeslantkering**: O Maeslant Storm Surge Barrier, um sistema hidráulico de defesa contra inundações, protege Roterdão das tempestades do Mar do Norte e das inundações provocadas pelas marés.
- **Praças da Água**: Construção de espaços públicos que absorvem a água (por exemplo, Waterplein Benthemplein) para gerir o excesso de água da chuva e evitar inundações urbanas.
- **Governação da adaptação**: As parcerias de colaboração, o envolvimento das partes interessadas e os quadros de governação adaptativa aumentam a resiliência das cidades e as capacidades de adaptação às alterações climáticas.

8.3.2. Kerala, Índia - Gestão sustentável da água

Kerala adoptou estratégias comunitárias de gestão da água e de resistência às inundações para atenuar os impactos climáticos:

- **Missão de Haritha Keralam**: Promover a florestação, a agricultura sustentável e a gestão das bacias hidrográficas para melhorar a conservação da água e a resistência ao clima.
- **Cartografia do risco de inundações**: Desenvolvimento de mapas de risco de inundação, sistemas de alerta precoce e planos de preparação para catástrofes para minimizar as perdas relacionadas com as inundações e proteger as comunidades vulneráveis.
- **Gestão Integrada da Zona Costeira**: Recuperação do ecossistema costeiro, conservação dos mangais e gestão sustentável das pescas para aumentar a resiliência costeira e a conservação da biodiversidade.

8.3.3. Bogotá, Colômbia - Infra-estruturas verdes e desenvolvimento urbano sustentável

Bogotá implementou projectos de infra-estruturas verdes e planeamento urbano sustentável para atenuar os efeitos da ilha de calor urbana e aumentar a resiliência da comunidade:

- **Ciclovia**: Uma rede de ciclovias e de infra-estruturas amigas dos peões promove o transporte sustentável e reduz as emissões de gases com efeito de estufa dos veículos a motor.

- **Bosque Metropolitano**: O projeto Bosque Metropolitano envolve esforços de reflorestação, desenvolvimento de espaços verdes urbanos e conservação da biodiversidade para aumentar a resiliência dos ecossistemas e a habitabilidade urbana.

- **Participação pública**: O envolvimento dos cidadãos, as iniciativas lideradas pela comunidade e o orçamento participativo promovem o desenvolvimento urbano inclusivo e aumentam a resiliência aos impactes climáticos.

Capítulo 9: Perspectivas futuras e desafios

À medida que a comunidade global se debate com os impactos crescentes das alterações climáticas, é crucial compreender as perspectivas futuras, os potenciais pontos de rutura, as alterações irreversíveis e os desafios sociopolíticos aos esforços de atenuação e adaptação. Esta análise exaustiva analisa as projecções para as emissões de gases com efeito de estufa, explora os potenciais pontos de rutura no sistema climático da Terra, examina os obstáculos sociopolíticos que dificultam a ação climática e discute estratégias para ultrapassar estes desafios, a fim de garantir um futuro sustentável para todos.

9.1 Projecções para as emissões de gases com efeito de estufa

9.1.1. Tendências e cenários actuais

As emissões de gases com efeito de estufa continuam a aumentar devido a actividades antropogénicas como a combustão de combustíveis fósseis, os processos industriais, a desflorestação e as práticas agrícolas:

- **Emissões de CO2**: A queima de combustíveis fósseis (carvão, petróleo, gás natural) para a produção e transporte de energia continua a ser a maior fonte de emissões de CO2 a nível mundial.
- **Metano (CH4) e óxido nitroso (N2O)**: As actividades agrícolas (criação de gado, arrozais) e os processos industriais contribuem para as emissões de metano e de óxido nitroso, agravando os impactos climáticos.
- **Tendências globais de emissões**: Apesar dos acordos internacionais sobre o clima e dos esforços políticos, as emissões globais continuaram a aumentar, impulsionadas pelo crescimento económico, urbanização e industrialização nas economias emergentes.

9.1.2. Cenários e trajectórias de emissões

Os modelos climáticos projectam diversos cenários de emissões e vias potenciais com base na evolução socioeconómica, nas intervenções políticas e nos avanços tecnológicos:

- **Manutenção do status quo (BAU)**: Os cenários de emissões elevadas projectam a continuação da dependência dos combustíveis fósseis e a implementação limitada de políticas climáticas, conduzindo a aumentos significativos da temperatura até ao final do século.

- **Cenários de estabilização**: As vias de baixas emissões envolvem uma rápida descarbonização, melhorias na eficiência energética e a adoção generalizada de fontes de energia renováveis para limitar o aumento da temperatura global a menos de 2 graus Celsius (objetivo do Acordo de Paris).
- **Orçamentos de carbono**: As avaliações do orçamento de carbono quantificam as emissões de CO_2 permitidas para limitar o aumento da temperatura a 1,5 ou 2 graus Celsius, salientando a urgência da redução das emissões para atingir os objectivos climáticos.

9.2 Potenciais pontos de viragem e mudanças irreversíveis

9.2.1. Reacções do sistema terrestre

Os mecanismos de retroação climática e os pontos de rutura amplificam os impactos climáticos, desencadeando alterações irreversíveis no sistema climático da Terra:

- **Diminuição do gelo do mar Ártico**: A perda de gelo marinho no Ártico acelera a amplificação polar, conduzindo a uma maior absorção da radiação solar e à instabilidade climática regional.
- **Degelo do permafrost**: O degelo do permafrost liberta metano e CO_2 armazenados em solos congelados, amplificando as emissões de gases com efeito de estufa e contribuindo para a retroação do aquecimento global.
- **Degradação da floresta amazónica**: A desflorestação e o declínio das florestas induzido pela seca reduzem a capacidade de sequestro de carbono, agravando as concentrações de CO_2 na atmosfera e a perda de biodiversidade.

9.2.2. Alterações oceânicas e subida do nível do mar

O aquecimento dos oceanos, a acidificação e a dinâmica dos mantos de gelo contribuem para alterações irreversíveis dos ecossistemas marinhos e das paisagens costeiras:

- **Branqueamento dos recifes de coral**: O aquecimento dos oceanos está a causar stress nos recifes de coral, levando a fenómenos de branqueamento generalizados e a uma menor resistência dos corais aos futuros impactos climáticos.

- **Subida do nível do mar**: A expansão térmica e o degelo dos glaciares e dos lençóis de gelo aumentam o nível do mar, ameaçando as comunidades costeiras, as infra-estruturas e os focos de biodiversidade.

- **Padrões de Circulação Oceânica**: A perturbação dos padrões de circulação oceânica (por exemplo, a Circulação de Revolvimento Meridional do Atlântico) altera a dinâmica climática global, com impacto nos padrões meteorológicos regionais e nos ecossistemas marinhos.

9.3 Desafios sociopolíticos aos esforços de atenuação e adaptação

9.3.1. Implementação de políticas e cooperação global

A obtenção de um consenso internacional sobre a ação climática enfrenta barreiras sociopolíticas e complexidades geopolíticas:

- **Ambiguidade política**: Os interesses nacionais divergentes, as ideologias políticas e as prioridades económicas dificultam a aplicação coordenada da política climática e os compromissos de financiamento do clima.
- **Tensões geopolíticas**: A concorrência de interesses geopolíticos e os desafios diplomáticos complicam as negociações sobre os objectivos de redução das emissões, a transferência de tecnologias e o financiamento da adaptação às alterações climáticas.
- **Cumprimento do Acordo de Paris**: As variações nos CDN (Contributos Determinados a Nível Nacional) e os compromissos insuficientes de redução das emissões ameaçam a eficácia dos acordos climáticos globais na consecução dos objectivos climáticos colectivos.

9.3.2. Transições económicas e tecnológicas

A transição para uma economia com baixas emissões de carbono exige a superação de barreiras económicas e a promoção da inovação tecnológica:

- **Dependência de combustíveis fósseis**: A dependência económica dos combustíveis fósseis e os interesses instalados na indústria dos combustíveis fósseis atrasam os esforços de transição energética e impedem a implantação das energias renováveis.

- **Barreiras tecnológicas**: Os elevados custos das tecnologias limpas (por exemplo, sistemas de energia renovável, captura e armazenamento de carbono) e as incertezas tecnológicas impedem vias rápidas de descarbonização.

- **Transição justa**: Para garantir uma transição justa e inclusiva para uma economia sustentável, é essencial abordar as questões da equidade social, as transições do mercado de trabalho e a diversificação económica nas regiões dependentes dos combustíveis fósseis.

9.3.3. Sensibilização do público e mudança de comportamento

A promoção da literacia climática, o envolvimento do público e as mudanças de comportamento são fundamentais para fazer avançar a ação climática a nível das bases:

- **Negação e desinformação sobre o clima**: As campanhas de desinformação e o ceticismo em relação à ciência do clima minam o apoio público às políticas climáticas e dificultam a ação colectiva.
- **Mudanças de comportamento**: O incentivo a estilos de vida sustentáveis, a redução dos padrões de consumo e a promoção de práticas resistentes ao clima aumentam a resiliência da comunidade e apoiam os esforços locais de adaptação ao clima.
- **Mobilização dos jovens**: Os movimentos climáticos liderados por jovens, o ativismo de base e as iniciativas da sociedade civil defendem políticas climáticas ambiciosas e responsabilizam os governos e as empresas pelos compromissos de ação climática.

9.4 Estratégias para enfrentar os desafios futuros

9.4.1. Governação reforçada em matéria de clima

O reforço dos quadros de governação global em matéria de clima e o aumento da cooperação multilateral são essenciais para acelerar a ação climática:

- **Diplomacia climática**: Facilitar o diálogo, a negociação e a colaboração entre as nações para aumentar a ambição climática e a implementação dos compromissos do Acordo de Paris.

- **Integração de políticas**: A integração das considerações climáticas nas políticas económicas, no planeamento do desenvolvimento e nas estratégias sectoriais (por exemplo, energia, agricultura, transportes) promove vias de desenvolvimento sustentáveis e resistentes ao clima.

- **Reforço de capacidades**: Apoiar os países em desenvolvimento na adaptação às alterações climáticas, na transferência de tecnologias e nas medidas de reforço da capacidade de resistência através de iniciativas de reforço das capacidades e de parcerias internacionais.

9.4.2. Inovação e desenvolvimento tecnológico

O avanço da investigação, da inovação e da implantação de tecnologias impulsiona a mudança transformadora para um futuro com baixas emissões de carbono:

- **Transição para energias limpas**: O investimento em I&D no domínio das energias renováveis, em soluções de armazenamento de energia e em tecnologias de redes inteligentes acelera a transição para longe dos combustíveis fósseis e reduz as emissões de gases com efeito de estufa.

- **Captura e remoção de carbono**: O desenvolvimento de tecnologias de captura de carbono da próxima geração, soluções baseadas na natureza (por exemplo, florestação, sequestro de carbono no solo) e tecnologias de emissões negativas (NET) aumentam a capacidade de remoção de carbono.

- **Infra-estruturas resilientes ao clima**: A integração de análises de dados climáticos, normas de conceção resilientes e soluções de infra-estruturas verdes (por exemplo, espaços verdes urbanos, edifícios resistentes a inundações) aumenta a resiliência das infra-estruturas e a capacidade de adaptação.

9.4.3. Envolvimento da comunidade e equidade social

A promoção de uma ação climática inclusiva, a capacitação das comunidades vulneráveis e a promoção da resiliência social são prioridades fundamentais:

- **Adaptação liderada pela comunidade**: O apoio a projectos de adaptação de base comunitária, a sistemas de conhecimentos indígenas e a processos de planeamento participativo reforça a resiliência local e a capacidade de adaptação.

- **Justiça climática**: Abordar as desigualdades sociais, as preocupações com os direitos humanos e as disparidades de género nos impactes climáticos e nas estratégias de adaptação garante resultados climáticos justos e equitativos para todas as partes interessadas.

- **Educação e sensibilização**: Aumentar a literacia climática, fomentar o envolvimento do público e promover a mudança de comportamentos no sentido de um consumo e estilos de vida sustentáveis impulsionam o apoio das bases à ação climática e aos esforços de reforço da resiliência.

Capítulo 10: O papel da ciência e da investigação

A ciência e a investigação desempenham um papel fundamental na compreensão, atenuação e adaptação aos desafios colocados pelas alterações climáticas. Esta análise exaustiva explora os avanços da ciência climática, as abordagens interdisciplinares para compreender os impactes climáticos e o papel fundamental do financiamento e do apoio à investigação climática. Ao elucidar estes aspectos, este artigo sublinha a importância da investigação científica para a elaboração de políticas baseadas em factos, para a promoção da inovação e para o reforço da resiliência global às alterações climáticas.

10.1 Avanços na ciência do clima: Modelação e Deteção Remota

10.1.1. Modelação climática

Os modelos climáticos simulam o sistema climático da Terra para projetar cenários climáticos futuros e avaliar os impactos das emissões de gases com efeito de estufa:

- **Modelos de Circulação Geral (GCMs)**: Os GCM simulam a dinâmica atmosférica, a circulação oceânica e as interacções da superfície terrestre para prever padrões climáticos, alterações de temperatura e tendências de precipitação.
- **Modelos climáticos regionais (RCMs)**: Os RCMs fornecem projecções climáticas localizadas através da redução da escala dos resultados dos modelos globais, permitindo avaliações da variabilidade climática regional e de fenómenos meteorológicos extremos.
- **Modelos de avaliação integrados (IAM)**: Os IAMs integram dados climáticos, económicos e sociais para avaliar estratégias de mitigação, intervenções políticas e impactos socioeconómicos das medidas de mitigação e adaptação às alterações climáticas.

10.1.2. Deteção remota e observação da Terra

As tecnologias de deteção remota e os dados de satélite melhoram a monitorização do clima, a cartografia dos ecossistemas e a deteção de alterações ambientais:

- **Imagens de satélite**: Os satélites de observação da Terra captam dados sobre alterações na cobertura do solo, taxas de desflorestação, temperaturas da

superfície do mar e composição atmosférica, facilitando a investigação climática
e a gestão dos recursos naturais.

- **Sistemas de Posicionamento Global (GPS)**: As redes de GPS acompanham a
  subida do nível do mar, a subsidência da terra e a dinâmica dos glaciares,
  fornecendo dados essenciais para a monitorização do nível do mar e para a
  avaliação da vulnerabilidade costeira.
- **Indicadores climáticos**: Os indicadores climáticos derivados da deteção remota
  (por exemplo, índices de vegetação, extensão do gelo marinho) quantificam as
  alterações ambientais, informam os modelos climáticos e apoiam a tomada de
  decisões na agricultura, na gestão dos recursos hídricos e na redução do risco de
  catástrofes.

10.2 Abordagens interdisciplinares para compreender os impactos climáticos

10.2.1. Avaliações dos impactos e da vulnerabilidade às alterações climáticas

A investigação interdisciplinar integra as ciências naturais e sociais para avaliar os
impactes das alterações climáticas nos ecossistemas, nas sociedades humanas e nas
populações vulneráveis:

- **Estudos ecológicos**: Avaliação da perda de biodiversidade, fragmentação de
  habitats e padrões de migração de espécies devido a mudanças de habitat e
  perturbações do ecossistema induzidas pelo clima.
- **Impactos na saúde humana**: Estudo de doenças relacionadas com o calor,
  doenças transmitidas por vectores e riscos de segurança alimentar associados à
  variabilidade climática e a fenómenos meteorológicos extremos.
- **Vulnerabilidade social**: Analisar as disparidades socioeconómicas, as
  desigualdades de género e os sistemas de conhecimentos indígenas na adaptação
  aos impactos climáticos e no acesso aos recursos de adaptação climática.

10.2.2. Estratégias de adaptação e resiliência

A investigação interdisciplinar informa as estratégias de adaptação e as medidas de
reforço da resiliência para atenuar os riscos climáticos e melhorar a preparação das

comunidades:

- **Gestão integrada dos recursos hídricos**: Avaliação da escassez de água, dos impactos das secas e do esgotamento das águas subterrâneas para desenvolver estratégias sustentáveis de gestão da água e infra-estruturas resistentes ao clima.
- **Planeamento e conceção urbanos**: Incorporar uma conceção sensível ao clima, infra-estruturas verdes e códigos de construção resilientes para atenuar os efeitos das ilhas de calor urbanas, os riscos de inundação e as vulnerabilidades das infra-estruturas.

- **Inovação agrícola**: Introdução de práticas agrícolas inteligentes em termos de clima, diversificação de culturas e variedades de sementes resistentes para melhorar a segurança alimentar e os meios de subsistência nas regiões afectadas pelo clima.

10.3 Financiamento e apoio à investigação sobre o clima

10.3.1. Iniciativas internacionais de investigação

A colaboração global e os mecanismos de financiamento apoiam a investigação sobre o clima, o reforço das capacidades e a transferência de tecnologias nos países em desenvolvimento:

- **Redes de Investigação Globais**: As iniciativas de colaboração (por exemplo, avaliações do IPCC, programas de investigação do WCRP) facilitam a partilha de dados, o intercâmbio científico e a criação de consensos sobre a ciência e a política do clima.
- **Observatórios climáticos**: O estabelecimento de observatórios climáticos, estações de investigação e redes de monitorização a longo prazo (por exemplo, flutuadores ARGO, torres FLUXNET) melhora a recolha de dados, a validação e os esforços de validação de modelos.
- **Agências de financiamento internacionais**: Os bancos multilaterais de desenvolvimento (por exemplo, Banco Mundial, Banco Asiático de Desenvolvimento), as agências das Nações Unidas (por exemplo, UNFCCC, PNUA) e as organizações filantrópicas (por exemplo, Fundação Gates, Wellcome

Trust) concedem subsídios, bolsas de estudo e financiamento de investigação para a ciência climática, projectos de adaptação e iniciativas de reforço de capacidades.

10.3.2. Investimento dos sectores público e privado

O financiamento governamental, as parcerias do sector privado e as contribuições filantrópicas apoiam a investigação, a inovação e o desenvolvimento tecnológico no domínio do clima:

- **Subsídios governamentais**: As fundações científicas nacionais (por exemplo, NSF nos EUA, NERC no Reino Unido) financiam projectos de investigação climática, expedições científicas e iniciativas de investigação interdisciplinares.

- **I&D empresarial**: O investimento do sector privado em tecnologias limpas, investigação sobre energias renováveis e tecnologias de captura de carbono promove a inovação climática e os esforços de descarbonização da indústria.

- **Apoio filantrópico**: As fundações de caridade e as dotações para investigação (por exemplo, a Fundação Bill e Melinda Gates, a Fundação Moore) financiam estratégias de atenuação das alterações climáticas, projectos de desenvolvimento sustentável e iniciativas de justiça climática.

Capítulo 11: Considerações éticas e sociais

As alterações climáticas não são apenas uma questão ambiental, mas também um profundo desafio ético e social que se cruza com a justiça, a equidade e os direitos humanos. Esta análise abrangente aprofunda as dimensões éticas das alterações climáticas, abordando as preocupações com a justiça climática, as responsabilidades das nações desenvolvidas e em desenvolvimento e o papel da perceção pública e das campanhas de sensibilização na promoção de uma ação climática global. Ao explorar estas questões críticas, este artigo tem como objetivo realçar os imperativos éticos e as considerações sociais essenciais para alcançar a resiliência e a sustentabilidade climáticas à escala global.

11.1 Justiça climática: Impactos desproporcionados em populações vulneráveis

11.1.1. Impactos climáticos desiguais

As alterações climáticas agravam as disparidades socioeconómicas existentes e afectam de forma desproporcionada as populações vulneráveis, nomeadamente

- **Vulnerabilidade do Sul Global**: Os países em desenvolvimento, caracterizados por uma capacidade de adaptação limitada e uma elevada dependência de sectores sensíveis ao clima (por exemplo, agricultura, pescas), enfrentam graves impactes climáticos (por exemplo, fenómenos meteorológicos extremos, subida do nível do mar).

- **Comunidades indígenas**: As populações indígenas, que dependem dos meios de subsistência tradicionais e dos recursos naturais, sofrem perturbações culturais, deslocação de terras e perda de conhecimentos tradicionais devido às alterações ambientais induzidas pelo clima.

- **Grupos marginalizados**: As mulheres, as crianças, os idosos e as pessoas com deficiência são desproporcionadamente afectados pelos riscos relacionados com o clima, enfrentando riscos acrescidos de insegurança alimentar, deslocação e impactos na saúde.

11.1.2. Quadros de justiça climática

Os princípios da justiça climática defendem uma distribuição equitativa dos impactes, responsabilidades e benefícios do clima:

- **Equidade intergeracional**: Garantir que as gerações futuras herdem um planeta sustentável e resiliente, reduzindo as actuais emissões de gases com efeito de estufa e preservando os recursos naturais.

- **Equidade intra-geracional**: Abordar as desigualdades sociais e dar prioridade às necessidades das populações vulneráveis nas estratégias de adaptação e atenuação das alterações climáticas.

- **Transição justa**: Apoiar os trabalhadores e as comunidades afectadas pelas políticas climáticas e pelas transições industriais através da reconversão profissional, de redes de segurança social e de oportunidades económicas equitativas.

11.2 Responsabilidades dos países desenvolvidos e dos países em desenvolvimento

11.2.1. Emissões históricas e responsabilidades comuns mas diferenciadas (CBDR)

Os esforços de atenuação e adaptação às alterações climáticas reflectem as emissões históricas, o desenvolvimento económico e as disparidades em termos de criação de capacidades entre os países desenvolvidos e os países em desenvolvimento:

- **Emissões históricas**: Os países desenvolvidos têm contribuído historicamente para a maioria das emissões globais de gases com efeito de estufa devido à industrialização e ao consumo de combustíveis fósseis.

- **Princípio CBDR**: O princípio CBDR reconhece as diferentes responsabilidades nacionais com base nas emissões históricas, nas capacidades económicas e nas capacidades tecnológicas para enfrentar os impactos das alterações climáticas.

- **Financiamento climático**: As nações desenvolvidas comprometem-se a contribuir para o financiamento da luta contra as alterações climáticas para apoiar os países em desenvolvimento nas iniciativas de adaptação às alterações climáticas, transferência de tecnologia, reforço de capacidades e criação de resiliência.

11.2.2. Acordos e negociações internacionais sobre o clima

As negociações globais sobre o clima (por exemplo, CQNUAC, Acordo de Paris) procuram chegar a um consenso sobre os objectivos de redução das emissões, os mecanismos de financiamento do clima e as estratégias de adaptação:

- **Acordo de Paris**: O Acordo de Paris tem por objetivo limitar o aumento da temperatura global a um valor muito inferior a 2 graus Celsius e prosseguir os esforços para o limitar a 1,5 graus Celsius, colocando a tónica nas contribuições nacionais diferenciadas e na transparência das acções climáticas.

- **Transferência de tecnologia**: Facilitar a transferência de tecnologia e a difusão da inovação dos países desenvolvidos para os países em desenvolvimento promove o desenvolvimento sustentável, a implantação de energias renováveis e infra-estruturas resistentes ao clima.

- **Perdas e danos**: Abordar os impactes climáticos irreversíveis e compensar as comunidades vulneráveis por perdas e danos devidos a catástrofes relacionadas com o clima, à subida do nível do mar e à degradação ecológica.

11.3 Campanhas de perceção e sensibilização do público

11.3.1. Comunicação sobre o clima e envolvimento do público

As campanhas de perceção e sensibilização do público desempenham um papel crucial na mobilização de apoio para a ação climática, na promoção de mudanças de comportamento e na defesa de reformas políticas:

- **Mensagens sobre o clima**: A comunicação do consenso científico, dos impactes climáticos e das soluções accionáveis através dos meios de comunicação social, da educação e de iniciativas de sensibilização da comunidade aumenta a compreensão e o envolvimento do público.

- **Ativismo juvenil**: Os movimentos climáticos liderados por jovens (por exemplo, Fridays for Future, Youth Strike for Climate) mobilizam protestos globais, campanhas de sensibilização e ativismo de base para exigir uma ação climática urgente e uma reforma política.

- **Literacia climática**: A integração da educação climática nos currículos escolares, nos programas de formação profissional e nas campanhas de sensibilização do público contribui para a literacia climática e capacita os indivíduos para tomarem decisões informadas e adoptarem estilos de vida sustentáveis.

11.3.2. Responsabilidade social das empresas (RSE) e ação climática

As empresas, indústrias e entidades empresariais contribuem para os esforços de mitigação do clima através de iniciativas de RSE, práticas empresariais sustentáveis e objectivos de redução de emissões:

- **Redução da pegada de carbono**: Implementação de medidas de eficiência energética, investimentos em energias renováveis e redução das emissões da cadeia de fornecimento para atingir os objectivos de sustentabilidade da empresa e mitigar os impactos climáticos.

- **Divulgação e responsabilização em matéria de clima**: A comunicação das emissões de gases com efeito de estufa, dos riscos climáticos e das estratégias de adaptação através de divulgações voluntárias (por exemplo, CDP, TCFD) aumenta a transparência e a responsabilidade das empresas perante as partes interessadas.

- **Parcerias de colaboração**: O envolvimento em colaborações com várias partes interessadas, alianças industriais e parcerias público-privadas (por exemplo, a coligação We Mean Business) promove a ação climática colectiva e a inovação em práticas empresariais sustentáveis.

Capítulo 12: Política e governação

A política e a governação desempenham um papel fundamental na resposta a desafios globais como as alterações climáticas, a perda de biodiversidade e o desenvolvimento sustentável. Esta análise exaustiva explora o papel dos governos, das ONG e das organizações internacionais na definição das políticas ambientais, dos quadros legislativos, como a fixação dos preços do carbono e dos objectivos de emissão, e o papel das políticas públicas na promoção da sustentabilidade. Ao examinar estes aspectos críticos, o presente documento pretende realçar a importância de estruturas de governação sólidas, da coerência das políticas e da cooperação internacional para alcançar os objectivos de desenvolvimento sustentável e abordar as preocupações ambientais prementes.

12.1 O papel dos governos, das ONG e das organizações internacionais

12.1.1. Responsabilidades governamentais

Os governos desempenham um papel central na formulação, aplicação e controlo do cumprimento das políticas e regulamentos ambientais:

- **Formulação de políticas**: Os governos desenvolvem estratégias ambientais nacionais, planos de ação e quadros regulamentares para abordar as alterações climáticas, a conservação da biodiversidade, a qualidade do ar e da água e a gestão de resíduos.
- **Supervisão legislativa**: Os parlamentares e os órgãos legislativos promulgam leis ambientais, alterações e medidas regulamentares para proteger os recursos naturais, promover a utilização de energias renováveis e atenuar os riscos ambientais.
- **Aplicação e cumprimento**: As agências governamentais, os ministérios do ambiente e as autoridades reguladoras controlam o cumprimento das normas ambientais, emitem licenças e aplicam sanções por infracções ambientais.

12.1.2. Organizações Não-Governamentais (ONG)

As ONG desempenham um papel fundamental na defesa de causas, na análise de políticas, no envolvimento da comunidade e nas campanhas de sensibilização do público para as questões ambientais:

- **Advocacia e campanhas**: As ONG ambientais defendem reformas políticas, fazem lobby junto dos decisores e mobilizam o apoio público para iniciativas de conservação, transições de energias renováveis e objectivos de desenvolvimento sustentável.
- **Investigação e análise de políticas**: A realização de investigação científica, análise de políticas e avaliações de impacto ambiental informa a defesa baseada em provas e apoia a tomada de decisões informadas por parte de governos e organizações internacionais.
- **Capacitação**: As ONG desenvolvem capacidades locais, dão poder às comunidades marginalizadas e promovem meios de subsistência sustentáveis através de educação, programas de formação e projectos de conservação liderados pela comunidade.

12.1.3. Organizações internacionais e acordos multilaterais

As organizações internacionais facilitam a cooperação global, estabelecem normas e coordenam esforços para enfrentar os desafios ambientais transfronteiriços:

- **Convenção-Quadro das Nações Unidas sobre Alterações Climáticas (CQNUAC)**: Facilitar as negociações sobre o clima, estabelecer objectivos de redução das emissões (por exemplo, o Acordo de Paris) e promover mecanismos de financiamento do clima para apoiar os países em desenvolvimento nos esforços de adaptação e atenuação das alterações climáticas.
- **Convenção sobre a Diversidade Biológica (CBD)**: Promover a conservação da biodiversidade, a utilização sustentável dos recursos naturais e a partilha equitativa dos recursos genéticos através de estratégias nacionais de biodiversidade e de objectivos globais em matéria de biodiversidade.
- **Programa das Nações Unidas para o Ambiente (PNUA)**: Fornecer avaliações científicas, apoio à criação de capacidades e orientação política sobre questões ambientais, incluindo o controlo da poluição, a gestão dos ecossistemas e o consumo e produção sustentáveis.

12.2 Quadros legislativos: Fixação do preço do carbono, objectivos de emissão

12.2.1. Mecanismos de fixação do preço do carbono

Os instrumentos de fixação do preço do carbono têm por objetivo internalizar o custo social das emissões de carbono e incentivar a redução das emissões:

- **Imposto sobre o carbono**: Cobrar um imposto direto sobre as emissões de carbono com base no seu equivalente de dióxido de carbono (CO2e) para desencorajar a utilização de combustíveis fósseis, promover a eficiência energética e gerar receitas para acções climáticas e investimentos ecológicos.
- **Sistemas Cap-and-Trade**: Estabelecimento de limites de emissões e emissão de licenças negociáveis para indústrias e sectores, a fim de incentivar a redução das emissões, promover a inovação em tecnologias de baixo carbono e atingir os objectivos de emissões de forma rentável.
- **Custo social do carbono**: Estimativa dos danos económicos associados aos impactes climáticos (por exemplo, subida do nível do mar, fenómenos meteorológicos extremos) para informar as políticas de fixação de preços do carbono e orientar as decisões de investimento em infra-estruturas resistentes ao clima e medidas de adaptação.

12.2.2. Objectivos e compromissos de redução das emissões

Os objectivos nacionais e internacionais de redução das emissões visam limitar o aumento da temperatura global e atenuar os impactos climáticos:

- **Contribuições Nacionalmente Determinadas (NDCs)**: Os países apresentam à CQNUAC os CDN que definem os objectivos de redução das emissões, as acções de adaptação e as necessidades de financiamento do clima, reflectindo as circunstâncias nacionais, as prioridades de desenvolvimento e as necessidades de reforço das capacidades.
- **Objectivos climáticos a longo prazo**: Definir trajectórias de descarbonização a longo prazo, objectivos de emissões líquidas nulas (por exemplo, até 2050) e objectivos de desenvolvimento sustentável para alinhar com os objectivos climáticos globais e garantir a equidade intergeracional.

- **Reduções de emissões sectoriais**: Implementação de políticas, regulamentos e incentivos específicos do sector (por exemplo, mandatos de energias renováveis, normas de eficiência energética) para conseguir reduções de emissões nos transportes, indústria, agricultura e edifícios.

12.3 O papel das políticas públicas na promoção da sustentabilidade

12.3.1. Abordagens políticas integradas

As políticas públicas integradas abordam as dimensões ambientais, económicas e sociais interligadas da sustentabilidade:

- **Estratégias de economia circular**: Promover iniciativas de eficiência de recursos, redução de resíduos e reciclagem para minimizar os impactos ambientais, conservar os recursos naturais e apoiar padrões de produção e consumo sustentáveis.
- **Objectivos de Desenvolvimento Sustentável (ODS)**: Integrar a sustentabilidade ambiental, a inclusão social e a prosperidade económica através da implementação dos ODS, do acompanhamento dos progressos e da promoção de parcerias com várias partes interessadas.
- **Estratégias de crescimento verde**: Alinhar o crescimento económico com a gestão ambiental, investindo em tecnologias limpas, infra-estruturas ecológicas e inovação com baixo teor de carbono para criar empregos ecológicos e aumentar a resiliência económica.

12.3.2. Envolvimento das partes interessadas e governação participativa

Os processos de elaboração de políticas inclusivas envolvem as partes interessadas, as organizações da sociedade civil e as comunidades indígenas na tomada de decisões e na sua implementação:

- **Governação a vários níveis**: Colaborar com as administrações locais, os intervenientes do sector privado, o meio académico e a sociedade civil para conceber políticas conjuntas, partilhar boas práticas e mobilizar recursos para iniciativas de desenvolvimento sustentável.

- **Consultas públicas**: Solicitação de reacções do público, realização de avaliações de impacto e garantia de transparência na formulação de políticas, a fim de reforçar a confiança do público, responder às preocupações da comunidade e aumentar a eficácia das políticas.

- **Abordagens baseadas na comunidade**: Capacitar as comunidades locais, os povos indígenas e os grupos marginalizados na gestão dos recursos naturais, nos direitos de posse da terra e nas iniciativas de subsistência sustentável para promover a equidade social e a justiça ambiental.

Capítulo 13: Apêndice Glossário e recursos

13.1 Definições de termos-chave

13.1.1. Gases com efeito de estufa (GEE):

Os gases com efeito de estufa são gases atmosféricos que retêm o calor do sol, impedindo-o de se escapar para o espaço. Os principais gases com efeito de estufa incluem o dióxido de carbono (CO_2), o metano (CH_4), o óxido nitroso (N_2O), o vapor de água, o ozono (O_3) e os gases fluorados (por exemplo, clorofluorocarbonetos e hidrofluorocarbonetos). Estes gases contribuem para o efeito de estufa, que aquece a superfície da Terra e desempenha um papel fundamental na regulação da temperatura do planeta.

13.1.2. Aquecimento global:

O aquecimento global refere-se ao aumento a longo prazo da temperatura média da superfície da Terra devido a actividades humanas, principalmente a emissão de gases com efeito de estufa provenientes da queima de combustíveis fósseis, da desflorestação e de processos industriais. Contribui para as alterações climáticas, alterando os padrões meteorológicos, derretendo as calotes polares e os glaciares e aumentando o nível do mar.

13.1.3. Alterações climáticas:

As alterações climáticas englobam as mudanças de temperatura, os padrões de precipitação e os fenómenos meteorológicos extremos ao longo de períodos alargados, normalmente décadas a séculos. Resultam de processos naturais e de actividades humanas, incluindo emissões de gases com efeito de estufa, alterações na utilização dos solos e desflorestação. As alterações climáticas têm impacto nos ecossistemas, nos recursos hídricos, na agricultura, na saúde humana e nos sistemas socioeconómicos a nível mundial.

13.1.4. Acordo de Paris:

O Acordo de Paris é um tratado internacional adotado em 2015 no âmbito da Convenção-Quadro das Nações Unidas sobre Alterações Climáticas (CQNUAC). O seu objetivo é limitar o aumento da temperatura global a menos de 2 graus Celsius acima dos níveis pré-industriais e prosseguir os esforços para o limitar a 1,5 graus Celsius. O acordo inclui compromissos dos países no sentido de apresentarem contributos determinados a nível nacional (CDN), estabelecerem objectivos de redução das emissões e reforçarem o financiamento da luta contra as alterações climáticas e a transferência de tecnologias.

13.1.5. Fixação do preço do carbono:

A fixação do preço do carbono consiste em atribuir um preço às emissões de dióxido de carbono para incentivar as empresas e os indivíduos a reduzirem as suas emissões de gases com efeito de estufa. Pode ser aplicado através de impostos sobre o carbono ou de sistemas de limitação e comércio, em que as empresas compram e vendem licenças de emissão de CO_2. A fixação de preços do carbono tem por objetivo internalizar o custo social do carbono, promover tecnologias mais limpas e financiar os esforços de atenuação e adaptação às alterações climáticas.

Referências

Relatórios do IPCC:

O Painel Intergovernamental sobre as Alterações Climáticas (IPCC) publica relatórios de avaliação exaustivos sobre a ciência do clima, os impactes, a adaptação e as estratégias de atenuação. Estes relatórios são recursos essenciais para compreender o mais recente consenso científico sobre as alterações climáticas.

. **Sítio Web:** <u>IPCC</u>

Observatório da Terra da NASA:

O Observatório da Terra da NASA fornece imagens de satélite, dados climáticos e informações científicas sobre alterações ambientais, incluindo tendências globais de temperatura, subida do nível do mar e alterações na utilização dos solos.

- **Sítio Web:** <u>Observatório da Terra da NASA</u>

Dados climáticos NOAA em linha:

A Administração Nacional Oceânica e Atmosférica (NOAA) disponibiliza conjuntos de dados climáticos, mapas e ferramentas para investigadores, decisores políticos e o público em geral para analisar tendências climáticas históricas, fenómenos meteorológicos extremos e projecções climáticas.

- **Sítio Web:** Dados climáticos online da NOAA

Livros:

1. **"This Changes Everything: Capitalism vs. The Climate" de Naomi Klein:**
2. **"The Sixth Extinction: An Unnatural History" de Elizabeth Kolbert:**

Fontes de dados e bases de dados climáticas

Modelos climáticos globais (GCM):

Os modelos climáticos globais simulam o sistema climático da Terra para projetar cenários climáticos futuros, alterações de temperatura, padrões de precipitação e fenómenos meteorológicos extremos. Os resultados dos GCM informam a investigação climática, as decisões políticas e as estratégias de adaptação.

Bases de dados de impacto climático:

Berkeley Earth:

A Berkeley Earth compila e analisa dados históricos de temperatura de estações meteorológicas de todo o mundo para estudar as tendências globais de temperatura, a variabilidade climática e os impactos das alterações climáticas a longo prazo.

- **Sítio Web:** <u>Berkeley Earth</u>

Portal de conhecimentos sobre alterações climáticas do Banco Mundial:

O Portal de Conhecimento sobre Alterações Climáticas do Banco Mundial disponibiliza dados, mapas e relatórios sobre tendências climáticas, avaliações de vulnerabilidade e estratégias de adaptação em todas as regiões. Apoia a gestão dos riscos climáticos e os esforços de criação de resiliência nos países em desenvolvimento.

- **Sítio Web:** <u>Portal de conhecimentos sobre alterações climáticas do Banco Mundial</u>